Taner Kimil, Cakir Derya

Analyse der wirtschaftlichen Entwicklung der Lufthansa Technik AG Hamburg

GRIN Verlag

Bibliografische Information der Deutschen Nationalbibliothek:

Die Deutsche Bibliothek verzeichnet diese Publikation in der Deutschen National-
bibliografie; detaillierte bibliografische Daten sind im Internet über http://dnb.d-
nb.de/ abrufbar.

Impressum:

Copyright © 2005 GRIN Verlag GmbH
Druck und Bindung: Books on Demand GmbH, Norderstedt Germany
ISBN: 978-3-638-67180-4

Dieses Buch bei GRIN:

http://www.grin.com/de/e-book/67039/analyse-der-wirtschaftlichen-entwicklung-
der-lufthansa-technik-ag-hamburg

GRIN - Your knowledge has value

Der GRIN Verlag publiziert seit 1998 wissenschaftliche Arbeiten von Studenten, Hochschullehrern und anderen Akademikern als eBook und gedrucktes Buch. Die Verlagswebsite www.grin.com ist die ideale Plattform zur Veröffentlichung von Hausarbeiten, Abschlussarbeiten, wissenschaftlichen Aufsätzen, Dissertationen und Fachbüchern.

Besuchen Sie uns im Internet:

http://www.grin.com/

http://www.facebook.com/grincom

http://www.twitter.com/grin_com

Hochschule für angewandte Wissenschaften

Hamburg

Fachbereich Wirtschaft

Analyse der wirtschaftlichen Entwicklung der Lufthansa Technik AG Hamburg (1995-2003)

vorgelegt von:

Derya Cakir

Taner Kimil

3. Semester T-BWL

Gruppe B

Hamburg, den 25.05.2005

Inhaltsverzeichnis

1. Einleitung

1.1 Aufgabenstellung

Ziel dieser Hausarbeit im Rahmen des Statistikpraktikums an der Hochschule für angewandte Wissenschaften in Hamburg ist die Analyse der wirtschaftlichen Entwicklung großer Hamburger Arbeitgeber. Wir haben die wirtschaftliche Entwicklung der Lufthansa Technik AG in den Jahren 1995 bis 2003 analysiert. Auf der Grundlage von Geschäftsberichten der Jahre 1995 bis 2003 wurden die Daten vom Lufthansa Technik AG bezüglich der Finanz-, Rendite- und Wachstumsentwicklung erfasst, analysiert und beschrieben.[1] Die Ergebnisse dienen dazu, die Datenbank des Fachbereiches Wirtschaft der HAW über die wirtschaftliche Entwicklung großer Hamburger Arbeitgeber zu aktualisieren und zu vervollständigen.

1.2 Vorgehensweise

Die Daten für unsere Hausarbeit haben wir aus den Geschäftsberichten der Lufthansa Technik AG entnommen.

Die Daten aus den Jahresabschlüssen wurden dann in eine Datenmaske des Programms SPSS eingegeben, wobei wir als Gruppe B für die Jahre 2002 und 2003 und die Gruppe A für 2000 und 2001 zuständig waren. Aus diesen Daten wurde dann mit Hilfe von SPSS eine Strukturbilanz und GuV erstellt, welche wiederum Basis für die in dieser Hausarbeit betrachteten Kennzahlen sind. Diese Kennzahlen sollten nun im Rahmen der Hausarbeit mit SPSS gedeutet, analysiert und tabellarisch bzw. grafisch aufbereitet werden.

Gruppe A hat die Kennzahlen zur Strukturbilanz berechnet, Gruppe B die der Gewinn- und Verlustrechnung. Diese Kennzahlen dienten als Grundlage der Analyse der wirtschaftlichen Entwicklung des Lufthansa Technik AG.

---

[1] vgl. Handbuch Statistik Praktikum, Hamburg, 2002, S.4

2. Beschreibung des Unternehmens

2.1 Entstehung und Entwicklung

Aufgrund der Gruppe konkurrierend zu halten, in der Mitte neunziger Jahre wurde Lufthansa Konzern in sieben verschiedene Unternehmensbereiche aufgeteilt.

Am Ende 1994, kurz vor dem 40. Geburtstag der Deutsche Lufthansa AG, wurde seine ehemalige Technikabteilung unter dem Namen Lufthansa Technik unabhängig als 100 %ige Tochtergesellschaft umgewandelt. Immer mehr Fluglinien fingen auf der ganzen Erde an, den Service der erfahrenen Mechaniker und der Ingenieure der Lufthansa Technik zu verwenden. Die Firma erschloss einen neuen Absatzmarkt mit seiner technischen Totalunterstützung. (TTS)

Lufthansa Technik wird nicht nur als MRO und Designorganisation auch als Hersteller der Flugzeugteile bestätigt. Diese dreifache Fähigkeit stattet ihn mit einem ständig wachsenden Potential für das Entwickeln der neuen Produkte und der Dienstleistungen aus.

Seit seiner Gründung ist die Lufthansa Technik der führende Versorger der Welt der Verkehrsflugzeugdienstleistungen geworden.[2]

2.2 Geschäftsfelder

Die fünf Unternehmenseinheiten von Lufthansa Technik (Wartung, Überholung, Kompetenten und Logistik, Triebwerkinstandhaltung, VIP-Dienstleistungen) dienen weltweit mehr als 300 Kunden.[3]

Wartung:

Lufthansa Technik steht weltweit für umfangreiche technische Wartungsdienstleistungen zu Verfügung.

Im Falle der Wartungsprüfungen bleibt das Flugzeug in zeitlich geplantem Service, da werden mit hoch entwickeltem Wartungsplan die Mechanische und Elektronische Bauelemente in besten technischen Zustand behalten.

---

[2] Internet http://www.lufthansa-technik.com/applications/
[3] vgl. Internet http://www.lufthansa-technik.com/applications/

Überholung:

Die entscheidende in den MRO-Fähigkeiten ist allgemeine Überholung eines Flugzeugs. Bei der Überholung werden alle Instrumente, elektrische und elektronische Ausrüstung, hydraulischen und pneumatischen Bestandteile abgebaut. Diese Instrumente werden kontrolliert und erforderliche Reparaturen durchgeführt.

Komponenten und Logistik:

Die Lufthansa Technik AG liefert weltweit alle Bestandteile von Flugzeugen. Damit werden die Reparaturfähigkeit und -kapazität erhöht.

Triebwerkinstandhaltung:

Mit seiner technischen Fähigkeits- und Innovationalenergie kann Lufthansa Technik die Nutzungsdauer der Flugzeugtriebwerke erheblich verlängern und ihre Zuverlässigkeit erhöhen.

VIP-Dienstleistungen:

Die Innenausbauten von Flugzeugen werden nach individuellen Kundenwünschen eingerichtet.

2.3 Rechtsform, Eigentumsverhältnisse und Jahresabschluss

Lufthansa Technik ist eine Aktiengesellschaft, das ein in Aktien aufgeteiltes Grundkapital aufweist.[4]

Die Lufthansa Technik AG mit Geschäftsitz in Hamburg ist die Tochtergesellschaft der Deutschen Lufthansa AG und zwischen Ihnen besteht ein Gewinnabführungsvertrag. Gewinnabführungsvertrag verpflichtet Aktiengesellschaft oder eine Kommanditgesellschaft auf Aktien ihren gesamten Gewinn an das beherrschende Unternehmen abzuführen.[5]
Die Lufthansa Technik AG ist von der Verpflichtung zur Aufstellung eines Konzern-abschlusses befreit. Sie ist mit ihren Tochtergesellschaften in den Konzernabschluss der Deutschen Lufthansa AG, Köln, einbezogen.

---

[4] Wörterbuch kaufmännischer Begriffe, Wissen sofort, S.19
[5] Akt G §291

Der Konzernabschluss wird auf Grundlage der International Accounting Standards (IAS) erstellt. Der Abschluss beinhaltet eine Darstellung der vom deutschen Recht abweichenden Bilanzierungs- und Bewertungsmethoden und wird beim Amtsgericht Köln HRB 2168 hinterlegt.[6]

2.4 Beteiligungen und Tochtergesellschaften

Tabelle 1: Direkte Beteiligungen

Gesellschaften	Anteil in %
Lufthansa Airmotive Ireland Holdings Limited, Dublin, Irland	100
Lufthansa A.E.R.O. GmbH, Alzey	100
Lufthansa Technik Component Services LLC, Dallas, USA	100
Lufthansa Technik North American Holding, Corp., Wilmington, USA	100
Lufthansa Engineering and Operational Services GmbH, Frankfurt/M	100
Lufthansa Technik Immobilien- und Verwaltungsgesellschaft GmbH, Hamburg	100
Hawker Pacific Aerospace, Corp. Sun Valley, USA.	100
Lufthansa Technik Logistik GmbH, Hamburg	100
Lufthansa Technik Brussels NV, Brüssel, Belgien	99,9
Condor/Cargo Technik GmbH, Frankfurt/M	90
Lufthansa Technik Budapest Kft., Budapest, Ungarn	85
Lufthansa Technik Shenzhen Comp. Ltd., Shenzhen, VR China	70
Lufthansa Technik Malta Limited, Luqa, Malta.	51
Lufthansa Technik Philippines, Inc. Manila, Philippinen.	51
Lufthansa Bombardier Aviation Services GmbH, Diepensee.	51
AirLiance Materials LLC, Wilmington, USA	50,2
Shannon Aerospace Ltd., Shannon, Irland	50
Airfoil Services Sdn. Bhd., Kuala Lumpur, Malaysia	50
Alitalia Maintenance Systems, Rom, Italien	40
HEICO Aerospace Holdings Corporation, Hollywood, Florida, USA	20

Gesellschaften	Anteil in %
Lufthansa Airmotive Irland (Dublin) Ltd., Dublin, Irland	100
Lufthansa Airmotive Ireland (Leasing) Ltd., Dublin, Irland	100
Lufthansa Shannon Turbine, Technologies Limited, Shannon, Irland	100
Bizjet International Sales & Support, Inc., Tulsa, USA	100
Hamburger Gesellschaft für Flughafenanlagen mbH, Hamburg	100
Hawker Pacific Aerospace Ltd., Hayes, Großbritannien	100

Tabelle 2: Indirekte Beteiligungen
Quellen: Bundesanzeiger, Jahresabschlüsse, Nummer 93 - Seite 10 058

---

[6] Bundesanzeiger, Jahresabschlüsse, 2004, Nummer 93- S.10057

3. Gewinn- und Verlustrechnung für 1995-2003

3.1 Interpretation und Positionen der Gewinn- und Verlustrechnung

Gewinn- und Verlustrechnung ist Erfolgsrechnung Gegenüberstellung der Erträge und Aufwendungen eines bestimmten Abrechnungszeitraums.

Gemäß HGB kann die Gewinn- und Verlustrechnung nach dem Gesamtkostenverfahren[7] oder nach dem Umsatzkostenverfahren erstellt werden. Es gibt eine vorgegebene Gliederungsvorschrift.

Im Hinblick auf die Unterteilung und den Umfang der ausgewiesenen Aufwendungen kann in das Gesamtkostenverfahren und Umsatzkostenverfahren unterschieden werden. Beim Umsatzkostenverfahren werden die Aufwendungen vor allem nach den Bereichen(Funktionen) Herstellung, Verwaltung und Vertrieb unterteilt, während beim Gesamtkostenverfahren primär eine Unterteilung nach den Aufwandsarten Materialaufwand, Personalaufwand und Abschreibungen vorgenommen wird.

Als **Umsatzerlöse** werden nur die Erlöse aus der für das Unternehmen typischer Leistung ausgewiesen. Bei Unternehmen, deren Gegenstand die Produktion und der Vertrieb von Erzeugnissen und Waren ist, sind als Umsatzerlöse die Erlöse aus dem Verkauf dieser Produkte oder Waren auszuweisen. Erlöse aus Dienstleistungen rechnen nur bei Dienstleistungsunternehmen zu den Umsatzerlösen. Die Umsatzerlöse betreffen also die branchentypischen Leistungen des Unternehmens für den Markt.8

Materialaufwand sind **Aufwendungen** für Roh-, Hilfs- Betriebsstoffe, für bezogene Waren und Aufwendungen für bezogene Leistungen.9Die Aufwendungen für bezogene Leistungen betreffen alle Leistungen Dritter, die der betrieblichen Leistungserstellung dienen. z.B. die Lohnbearbeitung in fremden Unternehmen oder

---

[7] HGB § 275 Abs. 2, Deutsche Taschebuch Verlag, 41.Auflage, 2004
[8] Ebert Scheffler, Bilanzen richtig Lesen, Seite 87, Deutsche Taschebuch Verlag, 4. Auflage, 1998
[9] HGB § 275 Abs. 2 Nr. 5a, 5b, Deutsche Taschebuch Verlag, 41.Auflage, 2004

andere Lohn- und Fremdarbeiten, z.b. Reparaturarbeiten, Produktentwicklung oder Werbung.10

Personalaufwendungen beinhalten die Löhne, Gehälter, Soziale Abgaben und Aufwendungen für Altersversorgung und für Unterstützung.11

Abschreibungen sind Wertminderungen bei vorhandenen Anlagegegenständen. Sie berücksichtigen vor allem die eingetretene Abnutzung durch den Gebrauch der Gegenstände oder sonstige Wertminderungen, z.b. durch Witterungseinflüsse oder technischwirtschaftliche Veraltung.[12]

Betriebsergebnis ist die Differenz zwischen den betrieblichen Erträgen(Leistungen) und betrieblichen Aufwendungen(Kosten) innerhalb eines bestimmten Zeitraums.[13] Das **Finanzergebnis** setzt sich zusammen aus den Erträgen und Aufwendungen für Finanzanlagen, Wertpapiere des Umlaufvermögens und verzinsliche kurzfristige Forderungen sowie für aufgenommene Kredite.[14]

Betriebs- und Finanzergebnis ergeben das **Ergebnis der gewöhnlichen Geschäftstätigkeit**. Die fallen typisch und regelmäßig an. [15]

Das außerordentliche Ergebnis handelt sich um Geschäftsvorfälle, die außerhalb gewöhnlicher Geschäftstätigkeit anfallen. Der Saldo das Ergebnis dieser Aufwendungen und Erträge ist das Ergebnis der außerordentlichen Geschäftstätigkeit.

Jahresüberschuss ist Differenz zwischen Erträgen und Aufwendungen (GuV-Rechnung)

---

[10] Ebert Scheffler, a.a.o., S. 89, Deutsche Taschenbuch Verlag, 4. Auflage, 1998
[11] HGB § 275 Abs. 2 Nr. 6a, 6b, Deutsche Taschebuch Verlag, 41.Auflage, 2004
[12] Ebert Scheffler, a.a.o., S. 40, Deutsche Taschenbuch Verlag, 4. Auflage, 1998
[13] Wörterbuch Kaufmännische Begriffe, Wissen sofort, S.51
[14] Ebert Scheffler, a.a.o., S. 91, Deutsche Taschenbuch Verlag, 4. Auflage, 1998
[15] Baetge, Kirsch, Thiele, Bilanzanalyse, S.103, IDW Verlag, 2. Auflage, Düsseldorf 2004

3.2 Gewinn- und Verlustrechnung, Lage- und Streuungsparameter von 1995 bis 2003

Tabelle 3: Gewinn- und Verlustrechnung in Mio. €

	Geschäftsjahr								
	1995	1996	1997	1998	1999	2000	2001	2002	2003
Umsatzerlöse	1301,86	1465,17	1549,81	1642,87	1818,25	2271,48	2485,92	2362,28	2314,55
Materialaufwand	518,37	614,16	654,00	761,29	958,23	1277,25	1464,63	1238,77	1261,10
Personalaufwand	500,46	531,41	549,74	541,06	576,59	573,99	662,14	696,31	704,20
Abschreibungen	36,31	37,39	37,82	41,57	45,72	56,95	51,09	46,36	42,80
Betriebsergebnis	38,02	51,92	52,76	52,83	17,18	48,26	59,26	96,49	105,80
Finanzergebnis	-19,91	-20,46	-4,63	4,51	3,51	-13,34	10,65	-85,34	-111,03
Ergebnis der gewöhnlichen Geschäftätigkeit	18,12	31,46	48,13	57,33	20,69	34,92	69,92	11,16	-5,23
Außerordentliches Ergebnis	0,00	0,00	0,00	0,00	0,00	0,00	0,00	0,00	0,00
Steuern	8,74	25,45	23,48	27,98	8,24	13,88	26,10	12,89	49,71
Jahresüberschuss/-fehlbetrag	9,37	6,01	24,65	29,35	12,45	21,04	43,82	-1,73	-54,94

Quelle: eigene Erhebung

Tabelle 4: Gewinn- und Verlustrechnung in % des Umsatzes

	Geschäftsjahr								
	1995	1996	1997	1998	1999	2000	2001	2002	2003
Umsatzerlöse	100,00	100,00	100,00	100,00	100,00	100,00	100,00	100,00	100,00
Materialaufwand	39,82	41,92	42,20	46,34	52,70	56,23	58,92	52,44	54,49
Personalaufwand	38,44	36,27	35,47	32,93	31,71	25,27	26,64	29,48	30,42
Abschreibungen	2,79	2,55	2,44	2,53	2,51	2,51	2,05	1,96	1,85
Betriebsergebnis	2,92	3,54	3,40	3,22	0,94	2,12	2,38	4,08	4,57
Finanzergebnis	-1,53	-1,40	-0,30	0,27	0,19	-0,59	0,43	-3,61	-4,80
Ergebnis der gewöhnlichen Geschäftätigkeit	1,39	2,15	3,11	3,49	1,14	1,54	2,81	0,47	-0,23
Außerordentliches Ergebnis	0,00	0,00	0,00	0,00	0,00	0,00	0,00	0,00	0,00
Steuern	0,67	1,74	1,51	1,70	0,45	0,61	1,05	0,55	2,15
Jahresüberschuss/-fehlbetrag	0,72	0,41	1,59	1,79	0,68	0,93	1,76	-0,07	-2,37

Quelle: eigene Erhebung

Statistiken

		UE	MA	PA	AfA	BE	FE	EGT	AE	ST	JÜ
N	Gültig	9	9	9	9	9	9	9	9	9	9
Mittelwert		1.912,63	971,98	592,88	44,00	58,06	-26,23	31,83	0	21,83	10,00
Median		1.818,25	958,23	573,99	42,80	52,76	-13,34	31,46	0	23,48	12,45
Std. Abweichung		448,29	348,24	75,31	6,84	27,43	42,69	23,69	0	12,98	27,91
Minimum		1.301,86	518,37	500,46	36,31	17,18	-111,03	-5,23	0	8,24	-54,94
Maximum		2.485,92	1.464,63	704,20	56,95	105,80	10,65	69,92	0	49,71	43,82
Perzentile	25	1.507,48	634,08	536,24	37,61	43,14	-52,80	14,64	0	10,81	2,14
	50	1.818,25	958,23	573,99	42,80	52,76	-13,34	31,46	0	23,48	12,45
	75	2.338,42	1.269,18	679,22	48,72	77,88	4,01	52,73	0	27,04	27,00

Tabelle 5: Lage- und Streuungsparameter in Mio. €
Quelle: eigene Erhebung

Die **Umsatzerlöse** sind im Zeitraum von 1995 bis 2001 kontinuierlich von 1301,86 auf 2485,92 Mio. € gestiegen. D.h. in diesem Zeitraum ist ein Anstieg um knapp 100% zu sehen. Dies lässt sich sowohl durch eine Nachfragesteigerung als auch durch eine Preiserhöhung begründen. Ab 2002 ist ein leichter rückläufiger Verlauf zu erkennen, bis hin zum Jahr 2003 mit 2314,55 Mio. €. Die Werte schwanken zwischen dem Minimum 1301,86 und dem Maximum 2485,92 Mio. €. Betrachtet man den Median und den Mittelwert, so kann man feststellen dass eine linksschiefe Verteilung vorliegt, da der Median um ca. 100 Mio. € vom Mittelwert negativ abweicht. Das bedeutet die Beobachtungen der Umsatzerlöse größer sind, als der durchschnitt der Umsatzerlöse.[16]

Der **Materialaufwand** ist besonders im Jahr 2000 gestiegen. Es fand eine Steigerung von ca. 25% statt, von 958,23 auf 1277,25 Mio. €. Verglichen mit den Umsatzerlösen, beträgt diese Steigerung im betrachteten Jahr jedoch nur 20%, demzufolge ist der Materialaufwand überproportional zu den Umsatzerlösen gestiegen. In diesem Jahr hat die Lufthansa Technik AG unwirtschaftlich agiert. Betrachtet man zusätzlich die relativen Werte, so ist ersichtlich, dass die Werte von 1995 bis 2001 sowohl in absoluten als auch in relativen Werten gestiegen sind. Im Jahr 2002 ist der Materialaufwand absolut und relativ gesunken. Das Maximum von 1464,63 entspricht dem dreifachen vom Minimum 518,37 Mio. €.

---

[16] vgl. Wirtschaftsstatistik, Kreth/Hörnstein, S.49, Verlag W.Kohlhammer, Stuttgart 2001

Es liegt eine symmetrische Verteilung vor, da Median und Mittelwert in etwa übereinstimmen.[17]

Der **Personalaufwand** schwankt im betrachteten Zeitraum vom Minimum 500,46 auf das Maximum 704,20 Mio. €. Die Standardabweichung von 75,31 Mio. € beträgt ca. 12% vom Mittelwert. Verglichen mit den Werten der anderen Positionen ist die Standardabweichung relativ gering. Die Standardabweichung definiert eine mittlere Abweichung mit der Dimension des Merkmals.[18]

Die **Abschreibungen** sind im Jahr 1995 vom Minimum 36,31 auf das Maximum von 56,95 Mio. € im Jahr 2000 gestiegen. Ab dem Folgejahr ist der Wert kontinuierlich bis zum Jahr 2003 gesunken. Analog gilt dieses für die relativen Werte. Die relativen Werte haben sich über die Jahre hinweg kaum verändert, der Mittelwert beträgt 2,35%.

Das **Betriebsergebnis** ist in den ersten vier Jahren leicht angestiegen. Im Jahr 1999 ist das Betriebsergebnis um ca. 70% auf das Minimum 17,18 Mio. € gesunken. Dieses lässt sich begründen durch den Anstieg des Material- und Personalaufwands und der Abschreibungen. Anschließend ist das Betriebsergebnis jedoch von 1999 bis 2003 auf das Maximum von 105,80 Mio. €. Daraus kann man ersehen, dass das Minimum vom Maximum erheblich abweicht. Das Maximum entspricht dem ca. 6-fachen des Minimums.

Betrachten man die relativen Werte des **Finanzergebnisses** so ist nur geringfügige Schwankungen zu erkennen, zwischen -4,80% und 0,43%. Die absoluten Zahlen hingegen deuten auf höhere Schwankungen vom Minimum -111,03 bis zum Maximum 10,65 Mio. € hin. Quartale geben eine Auskunft über die geordneten Ausprägungsgrößen der beobachteten Werte.[19] Die Quartale des Finanzergebnisses besagen, dass mindestens 25% der neun Jahre einen Finanzergebniswert von -52,80, mindestens 50% -13,34 und mindestens 75% 4,01 Mio. € aufweisen.

---

[17] vgl. Kreth/Hörnstein, a.a.o., S.49, Verlag W.Kohlhammer, Stuttgart 2001
[18] vgl. Kreth/Hörnstein, a.a.o., S.51, Verlag W.Kohlhammer, Stuttgart 2001
[19] vgl. Kreth/Hörnstein, a.a.O., S.39-40, Verlag W.Kohlhammer, Stuttgart 2001

Das negative Finanzergebnis bedeutet, dass die Zinsaufwendungen höher waren als die Zinserträge, d.h. die Lufthansa Technik AG hat mehr Zinsen bezahlt als sie eingenommen hat.[20]

Das **Ergebnis der gewöhnlichen Geschäftstätigkeit** schwankt zwischen dem Minimum -5,23 im Jahr 2003 und dem Maximum 69,92 Mio. € im Jahr 2001. Da Median, 31,46 und Mittelwert, 31,83 Mio. € fast übereinstimmen kann man von einer symmetrischen Verteilung ausgehen.[21]

Das **außerordentliche Ergebnis** beträgt absolut und relativ über die Jahre hinweg Null. Dies lässt sich dadurch begründen, dass über den betrachteten Zeitraum hinweg weder außerordentliche Erträge noch Aufwendungen vorhanden waren. Die **Steuern** zeigen über den betrachteten Zeitraum hinweg einen schwankenden Verlauf. Im Jahr 1995 ist der Wert bei 8,74 und im Jahr 1999 bei dem Minimum von 8,24 Mio. €. In diesen beiden Jahren sind die Werte verhältnismäßig sehr gering. Im Jahr 2003 ist das Maximum von 49,71 Mio. € erreicht. Die Standardabweichung von 12,98 Mio. € beträgt über 50% vom Mittelwert 21,83 Mio. €. Dies zeigt, dass die Standardabweichung relativ hoch ist.

Der **Jahresüberschuss** ist im Jahr 1995 von 9,37 auf das Maximum von 43,82 Mio. € im Jahr 2001 gestiegen. Den schwankenden Verlauf von 1995 bis 2001 zeigen sowohl die absoluten als auch die relativen Werte. Ab dem Jahr 2002 hat das Unternehmen Verluste gemacht, welches durch die negativen Werte ersichtlich ist. Das Minimum beträgt im Jahr 2003 -54,94 Mio. €. Hierbei handelt es sich um einen **Jahresfehlbetrag.** Das überdurchschnittlich hohe negative Finanzergebnis von

-111,03, der hohen Materialaufwand von 1261,10 und Personalaufwand von 704,20 Mio. € haben u.a. zu dem Jahresfehlbetrag geführt. Die Quartale des Jahresüberschusses sagen aus, dass mindestens 25% der neun Jahre einen Jahresüberschuss von 2,14, mindestens 50% 12,45 und mindestens 75% 27,00 Mio. € aufweisen.

---

[20] Bundesanzeiger, Jahresabschlüsse, 2003, Nummer 97 - Seite 7443
[21] vgl. Kreth/Hörnstein, a.a.O., S.49, Verlag W.Kohlhammer, Stuttgart 2001

4. Kennziffern

4.1 Tabellen

Tabelle 6: Kennziffern der GuV und Strukturbilanz

	Geschäftsjahr				
	1995	1996	1997	1998	1999
Erträge in TEUR	1374185,19	1586068,18	1622830,00	1802801,79	1995618,18
Messzahl Erträge in %	100,00	115,42	118,09	131,19	145,22
Aufwendungen in TEUR	1356070,11	1554611,45	1574701,13	1745468,06	1974932,33
Messzahl Aufwendungen in %	100,00	115,25	116,74	129,40	146,41
Ertragsrendite in %	1,32	1,98	2,97	3,18	1,04
Gesamtkapitalrendite in %	.	5,78	6,64	6,44	2,84
Cashflow in TEUR	.	76846,71	95433,67	59370,72	93928,94
Innenfinanzierungspotential in %	.	34,83	43,73	25,46	37,17
Schuldentilgungspotential in %	.	10,11	12,20	7,11	10,37
Messzahl Personalkosten in %	100,00	106,18	109,85	108,11	115,21
Beschäftigte	10.267	10.255	10.322	9.947	10.302
Beschäftigte pro 1 Mio. Erträge	7,47	6,47	6,36	5,52	5,16
Materialintensität in %	38,23	39,51	41,53	43,62	48,52
Umschlaghäufigkeit in %	.	1,71	1,71	1,80	1,85

Tabelle 6

	Geschäftsjahr			
	2000	2001	2002	2003
Erträge in TEUR	2410859,00	2733986,00	2485361,00	2483381,00
Messzahl Erträge in %	175,44	198,95	180,86	180,72
Aufwendungen in TEUR	2375940,00	2664071,00	2474203,00	2488612,00
Messzahl Aufwendungen in %	176,14	197,50	183,42	189,49
Ertragsrendite in %	1,45	2,56	,45	-,21
Gesamtkapitalrendite in %	4,04	5,33	1,83	,79
Cashflow in TEUR	106336,47	116854,00	11878,00	-100398,00
Innenfinanzierungspotential in %	33,23	26,68	2,07	-16,42
Schuldentilgungspotential in %	9,37	8,27	,78	-6,21
Messzahl Personalkosten in %	114,69	132,30	139,13	140,71
Beschäftigte	10.232	11.261	11.014	11.032
Beschäftigte pro 1 Mio. Erträge	4,24	4,12	4,44	4,44
Materialintensität in %	53,76	54,98	50,07	50,67
Umschlaghäufigkeit in %	1,71	1,53	1,31	1,25

Quelle: Eigene Erhebung

4.2 Interpretationen der Kennziffern
4.2.1 Tabellen

Statistiken

Tabelle 7: Lage- und Streuungsparameter von den Kennziffern

Quelle: Eigene Erhebung

Quelle: Eigene Erhebung

		Innenfinaz.-potential	Schuld.tilgungs-potential	Messzahl Pers. kosten	Beschäftigte	Beschäftigte pro 1 Mio. Euro Erträge	Mat. Intensität	Ur shi
N	Gültig	8	8	9	9	9	9	
	Fehlend	1	1	0	0	0	0	
Mittelwert		23,34	6,50	118,47	10.517,67	5,36	46,76	
Median		29,95	8,82	114,69	10.302,00	5,16	48,52	
Standardabweichung		20,30	6,17	15,05	462,987	1,18	6,21	
Spannweite		60,15	18,41	40,71	1.314	3,35	16,75	
Minimum		-16,42	-6,21	100,00	9.947	4,12	38,23	
Maximum		43,73	12,20	140,71	11.261	7,47	54,98	
Perzentile	25	7,9140	2,36	107,15	10.243,50	4,34	40,52	
	50	29,95	8,82	114,69	10.302,00	5,16	48,52	
	75	36,59	10,31	135,72	11.036,50	6,41	52,22	

		Erträge	Summe der Aufwendungen	Messzahl Erträge in %	Messzahl Aufwendungen	Ertragsrendite	Gesamtkapitalrendite	Cashf
N	Gültig	9	9	9	9	9	8	8
	Fehlend	0	0	0	0	0	1	1
Mittelwert		2.055.009,99	2.023.178,79	149,54	149,19	1,64	4,21	57.53
Median		1.995.618,18	1.974.932,33	145,22	145,64	1,45	4,69	85.387
Standardabweichung		486.529,26	487.391,88	35,40	35,94	1,14	2,20	71.778
Spannweite		1.359.800,81	1.308.000,88	98,95	96,46	3,39	5,85	21725.
Minimum		1.374.185,19	1.356.070,12	100,00	100,00	-,21	,79	-100.39
Maximum		2.733.986,00	2.664.071,00	198,95	196,46	3,18	6,64	116.85
Perzentile	25	1.604.448,87	1.564.656,29	116,76	115,38	,74	2,08	23.75
	50	1.995.618,18	1.974.932,33	145,22	145,64	1,45	4,69	85.387
	75	2.484.371,00	2.481.407,50	180,79	182,99	2,76	6,27	103.61

14

4.2.2 Messzahlen der Erträge, Aufwendungen und Personalkosten

Abbildung 1: Messzahlen der Erträge, Aufwendungen und Personalkosten

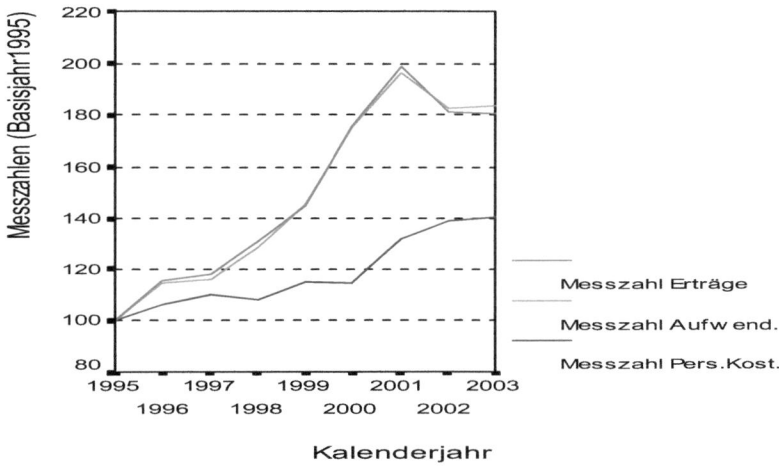

Kalenderjahr

Die Messzahlen der Erträge sollten gemeinsam mit der Messzahl der Aufwendungen betrachtet werden. Eine Verbesserung des Unternehmensergebnisses wird dann erreicht, wenn die Messzahl der Erträge über der Messzahl für die Aufwendungen liegt. Das Ergebnis verbessert sich, wenn die Aufwendungen weniger stark steigen als die Erträge.[22]

Das **Wachstum der Erträge** zeigt die Erträge eines Jahres relativ zu den Erträgen des Basisjahres 1995.[23]

Die Erträge sind von 1.374.185,19 € im Jahr 1995 bis zum Jahr 2001 stetig gestiegen auf den Wert 2.733.986 €. Hierbei handelt es sich um eine Steigerung von ca. 200%, welches ebenso von der Messzahl der Erträge ersichtlich ist. Ab 2001 sehen wir eine Senkung der Erträge bis zum Jahr 2002 auf 2.485.361 €, im letzten Jahr 2003 sind die Erträge in etwa konstant geblieben zum Vorjahr.

---

[22] Hörnstein, Kreth, Kovac, Wirtschaftliche Entwicklung Hamburger Unternehmen, S. 55
[23] Vgl. Hörnstein, Kovac, Kreth, Wirtschaftliche Entwicklung Hamburger Unternehmen, S. 54

Das **Wachstum der Aufwendungen** ergibt sich als prozentuales Verhältnis zwischen den Aufwendungen eines Jahres und den Aufwendungen des Basisjahres.[24] Der Verlauf der Messzahl der Aufwendungen ist ca. parallel zum Verlauf der Messzahl der Erträge mit geringen Abweichungen im gesamten betrachteten Zeitraum. Bis zum Jahr 2002 befinden sich die Aufwendungen unterhalb der Erträge, d.h. in diesen Jahren hat das Unternehmen einen Gewinn gemacht. Im Jahr 2003 sind die Aufwendungen jedoch höher als die Erträge, welches auf einen Jahresfehlbetrag hindeutet. Ab dem Jahr 2001 bis 2003 sind sowohl Aufwendungen als auch Erträge zurückgegangen, dabei ist jedoch ersichtlich, dass die Messzahl der Aufwendungen über dem Wert der Messzahl der Erträge ist. Das besagt, dass das Unternehmensergebnis sich in diesen zwei Jahren verschlechtert hat. Die Messzahlen der Aufwendungen sind im Gegensatz zu den Messzahlen der Erträge ab dem Jahr 2001 um ca. 9% höher.

Die Entwicklung des **Personalaufwands** wird wie die vorangegangenen Kennziffern als Messzahl bezogen auf das Basisjahr. Die Veränderungen des Personalaufwands können zurückgehen auf die Veränderungen der Zahl der Beschäftigten, aber auch auf eine Veränderung des Lohnniveaus.[25]Die Messzahl der Personalkosten hat einen minimalen Anstieg bis zum Jahr 1997. Ab dem Jahr 1997 erkennen wir einen schwankenden Verlauf bis zum Jahr 2000, und in den letzten drei Jahren ist ein deutlicher Anstieg sichtbar. Basierend zum Jahr 1995 ist im Jahr 2003 ein Anstieg von ca. 40% zu erkennen.

Die Lufthansa Technik sollte versuchen die Aufwendungen zu senken und die Erträge zu steigern, damit sie in den Folgejahren einen Jahresüberschuss erzielen können. Ansonsten wird auch in den nächsten Jahren ein Verlust ausgewiesen werden müssen. Zum einen können sie die Materialaufwendungen senken, z.b. durch Senkung des Einkaufspreises, und zum anderen können sie die Personalkosten reduzieren durch Entlassungen.

---

[24] Vgl. Hörnstein, Kovac, Kreth, Wirtschaftliche Entwicklung Hamburger Unternehmen, S. 55
[25] Vgl. Hörnstein, Kovac, Kreth, Wirtschaftliche Entwicklung Hamburger Unternehmen, S. 55

4.2.3 Beschäftigte

Abbildung 2: Beschäftigte

Kalenderjahr

Die Entwicklung der **Beschäftigtenzahlen** wird durch die Zeitreihe der absoluten Beschäftigtenzahl dargestellt. Die Kennzahl zeigt die Bedeutung des Unternehmens als Arbeitgeber für den Standort Hamburg.[26]Die Anzahl der Beschäftigten wuchs in den Jahren 1995 bis 2003 um 7,5% von 10.267 auf 11.032 Beschäftigten. Sie unterlag jedoch Schwankungen, hat also keinen kontinuierlichen Verlauf. Im Jahr 1998 fiel die Beschäftigtenzahl auf 9.947, was den minimalen Wert des betrachteten Zeitraums ausmacht.

Der höchste Wert der Beschäftigten war im Jahr 2001 mit 11.261 Beschäftigten, dies entspricht dem Maximum im betrachteten Zeitraum. Durch den Anstieg der Beschäftigtenzahl ergibt sich ein Anstieg der Personalkosten.

---

[26] Vgl. Hörnstein, Kovac, Kreth, Wirtschaftliche Entwicklung Hamburger Unternehmen, S. 55

17

4.2.4 Beschäftigte pro 1 Mio. Euro Erträge

Abbildung 3: Beschäftigte pro 1 Mio. Euro Erträge

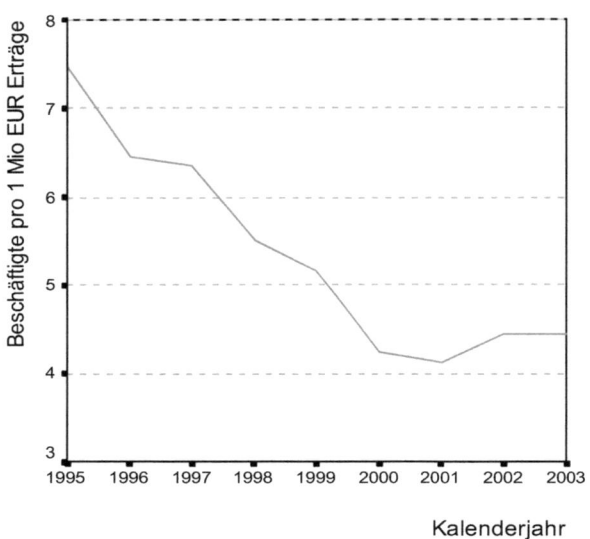

Kalenderjahr

Die **Beschäftigten pro 1 Mio. € Erträge** informieren mit welcher Personalintensität
die unternehmerische Tätigkeit verbunden ist. Die Kennzahl gibt an, wie viel
Beschäftigte erforderlich sind, um eine Mio. € Ertrag zu erwirtschaften.[27]
Die Beschäftigten pro 1 Mio. € Erträge sind über den betrachteten Zeitraum bis 2001
kontinuierlich gesunken.

Das Minimum beträgt 4,12 pro 1 Mio. € Erträge in dem Jahr 2001. Bis zum Jahr
2002 ist eine Steigerung der Beschäftigten pro 1 Mio. € Erträge ersichtlich. Im letzten
Jahr des betrachteten Zeitraums ist die Entwicklung konstant geblieben. Der
maximale Wert ist 7,47 pro 1 Mio. € Erträge im Jahr 1995.

---

[27] Vgl. Hörnstein, Kovac, Kreth, Wirtschaftliche Entwicklung Hamburger Unternehmen, S. 47

18

Im betrachteten Zeitraum ist ein rückläufiger Verlauf der Beschäftigten pro 1 Mio. €
Erträge bei der Lufthansa Technik AG feststellbar bis zum Jahr 2001. Diese
Veränderungen können zum einen durch die absoluten Beschäftigungszahlen und
zum anderen durch die Erträge verursacht werden.[28]Die Entwicklung der
Beschäftigten pro 1 Mio. € Erträge lässt schließen, dass die Erträge stärker als die
Anzahl der Beschäftigten wuchsen. Daraus lässt sich schließen, dass die
Arbeitsproduktivität im Laufe der Jahre stetig gestiegen ist.

4.2.5 Ertrags- und Gesamtkapitalrendite

Abbildung 4: Ertrags- und Gesamtkapitalrendite

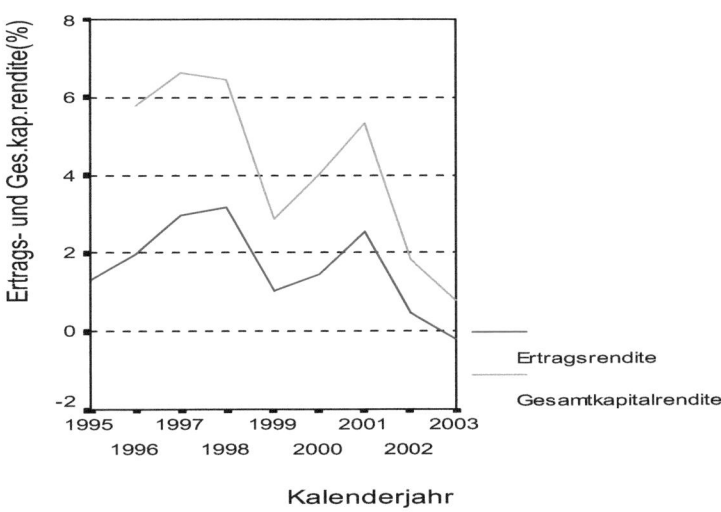

Die **Ertragsrendite** gibt den Anteil des Jahresüberschuss vor Steuern an den
Erträgen an. Die Erträge setzen sich zusammen aus den betrieblichen Erträgen,
Finanzerträgen sowie außerordentlichen Erträgen.[29]Die Ertragsrendite hat einen sehr
starken schwankenden Verlauf. Der minimale Wert beträgt -0,21% im Jahr 2003,
und der maximale Wert beträgt 3,18% im Jahr 1998.

---

[28] Vgl. Hörnstein, Kovac, Kreth, Wirtschaftliche Entwicklung Hamburger Unternehmen, S. 50
[29] Vgl. Hörnstein, Kovac, Kreth, Wirtschaftliche Entwicklung Hamburger Unternehmen, S. 44

Die Betrachtung der Ertragsrendite ermöglicht die Erkenntnis über den Anteil des Jahresüberschusses an den Erträgen.[30]

Die **Gesamtkapitalrendite** gibt die Kapitalverzinsung als Verhältnis des Jahresüberschusses vor Steuern und vor Zinsen zum Gesamtkapital in Prozent an.[31] Die Gesamtkapitalrentabilität weist einen ähnlichen Verlauf wie die Ertragsrendite auf, daraus lässt sich schließen, dass die Erträge und das durchschnittliche Gesamtkapital während der gesamten Betrachtungsperiode relativ proportional zueinander war. Der minimale Wert der Gesamtkapitalrentabilität beträgt 0,79% im Jahr 2003, und das Maximum weist einen Wert von 6,64% im Jahr 1997 auf.

Das Minimum der Ertrags- und der Gesamtkapitalrendite lässt sich dadurch begründen, dass die Lufthansa Technik AG in dem Jahr 2003 einen Jahresfehlbetrag erwirtschaftet hat. Das Maximum der Ertrags- und der Gesamtkapitalrendite deutet auf einen hohen Jahresüberschuss in den Jahren 1997, bzw. 1998.

4.2.6 Umschlaghäufigkeit des Kapitals

Abbildung 5: Umschlagshäufigkeit des Kapitals (%)

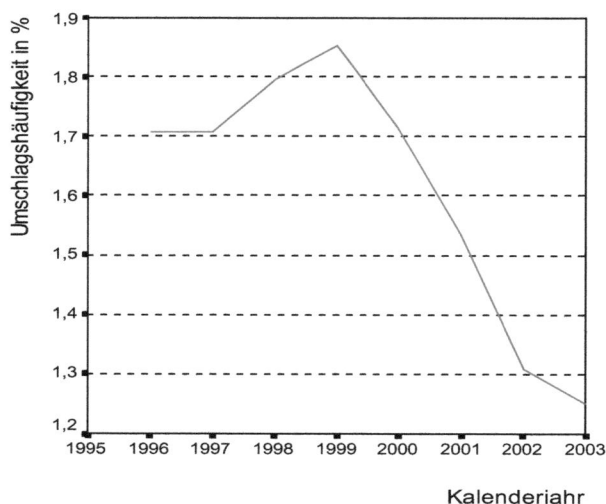

Kalenderjahr

---

[30] Vgl. Hörnstein, Kovac, Kreth, Wirtschaftliche Entwicklung Hamburger Unternehmen, S. 44
[31] Vgl. Hörnstein, Kovac, Kreth, Wirtschaftliche Entwicklung Hamburger Unternehmen, S. 55

Die **Umschlaghäufigkeit des Kapitals** informiert, wie viel Mio. € Erträge pro eine Mio. € Kapital erzielt werden.[32]

Die Umschlagshäufigkeit des Kapitals ist im betrachteten Zeitraum von 1,7% im Jahr 1996 auf 1,85% im Jahr 1999 gestiegen. Ab 1999 ist ein rückläufiger Verlauf zu erkennen bis zum Jahr 2003 mit 1,25%.

Die Umschlagshäufigkeit des Kapitals kann verbessert werden durch eine Erhöhung der Erträge und / oder durch eine Minderung des durchschnittlich im Unternehmen gebundenen Kapitals.[33]Demnach könnte der Rückgang der Umschlaghäufigkeit des Kapitals ab dem Jahr 1999 dadurch begründen werden, dass die Erträge gesunken sind. Dies ist jedoch nicht der Fall, denn die Erträge sind von 1999 bis 2003 gestiegen. Also kann man annehmen, dass das Kapital überproportional zu den Erträgen erhöht wurde, z.b. durch hohe Investitionen.

4.2.7 Innenfinanzierungs- und Schuldentilgungspotential

Abbildung 6: Innenfinanzierungs- und Schuldentilgungspotential

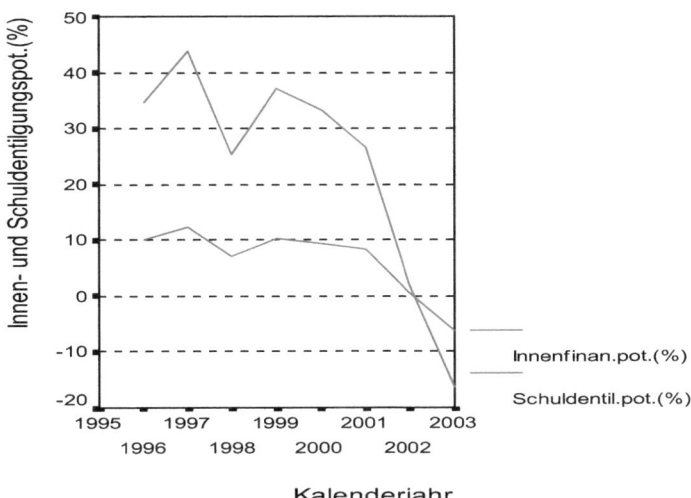

---

[32] Vgl. Hörnstein, Kovac, Kreth, Wirtschaftliche Entwicklung Hamburger Unternehmen, S. 50
[33] Vgl. Hörnstein, Kovac, Kreth, Wirtschaftliche Entwicklung Hamburger Unternehmen, S. 50

Das **Innenfinanzierungspotential** ist definiert als Verhältnis zwischen Cashflow und Anlagevermögen. Das Innenfinanzierungspotential zeigt die Fähigkeit des Unternehmens, das Anlagevermögen aus dem Jahresüberschuss nach Steuern, sowie nicht auszahlungswirksamen Aufwendungen zu finanzieren.[34]

Das Innenfinanzierungspotential zeigt von 1995 bis 2003 einen rückläufigen Verlauf, besonders ab dem Jahr 2001 bis 2003. Im Jahr 2003 beträgt das Minimum von - 16,42%, dies lässt sich begründen mit dem geringen Wert des Cashflows mit -100.398 €. Das Maximum beträgt 43,73% im Jahr 1997. Das Unternehmen ist unabhängiger von Fremdkapitalgebern, wenn es ein hohes Innenfinanzierungspotential aufweist, da somit das Anlagevermögen aus eigenen Mitteln finanziert werden kann.

Das **Schuldentilgungspotential** ist definiert als Verhältnis von Cashflow zum Fremdkapital. Die Kennziffer gibt an, um wie viel Prozent das Fremdkapital in einem Jahr aus eigener innerer Kraft des Unternehmens bei ausschließlicher Verwendung des Cashflows getilgt werden könnte.[35]Auch diese Kennziffer zeigt in dem Betrachtungszeitraum einen rückläufigen Verlauf. Das Maximum von 12,2% ist im Jahr 1997 erreicht. Dieser Wert bedeutet für die Lufthansa Technik AG, dass 12,2% des Fremdkapitals in einem Jahr mit eigenen Mitteln zurückgezahlt werden kann. Auch hierdurch wird das Unternehmen unabhängiger von Fremdkapitalgebern. Das Minimum beträgt -6,21 im Jahr 2003, dies lässt sich – wie auch beim Innenfinanzierungspotential - durch den geringen Wert des Cashflows von -100.398 € in dem Jahr erklären.

---

[34] Vgl. Hörnstein, Kovac, Kreth, Wirtschaftliche Entwicklung Hamburger Unternehmen, S. 49
[35] Vgl. Hörnstein, Kovac, Kreth, Wirtschaftliche Entwicklung Hamburger Unternehmen, S. 51

4.2.8 Materialintensität

Abbildung 7: Materialintensität (%)

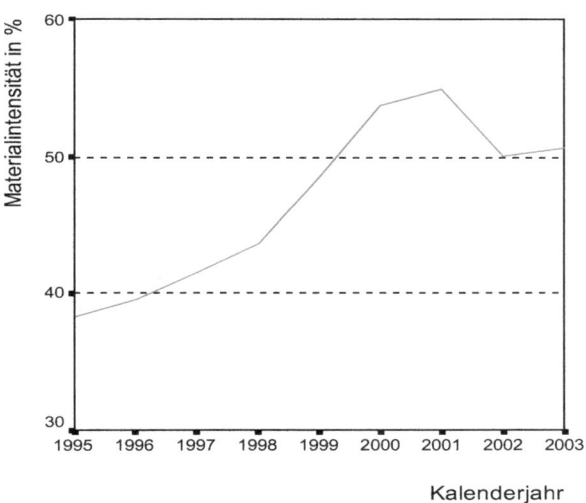

Kalenderjahr

Die **Materialintensität** betrachtet die Materialaufwendungen, relativ zum Gesamtaufwand. Anhand der Materialintensität kann man erkennen, inwieweit ein Einsatz von Roh-, Hilfs- und Betriebsstoffen, Waren sowie bezogene Leistungen für die Erwirtschaftung der Erträge notwendig ist.[36]

Die Materialintensität stieg vom Minimum von 31,31% im Jahr 1995 auf das Maximum von 54,98% im Jahr 2001. Danach ist ein rückläufiger Verlauf zu erkennen. Im Jahr 2003 betrug die Materialintensität 50,67% der Lufthansa Technik AG. Dieser Wert ist relativ hoch. Daraus lässt sich schließen, dass die Materialaufwendungen bei der Lufthansa Technik AG ein wesentlicher Faktor ist, um Kosten senken zu können. Denn der Anteil der Materialaufwendungen ist sehr viel höher als der Anteil der Personalaufwendungen oder Abschreibungen.

---

[36] Vgl. Hörnstein, Kovac, Kreth, Wirtschaftliche Entwicklung Hamburger Unternehmen, S. 46

4.2.9 Cashflow

Abbildung 8: Cashflow

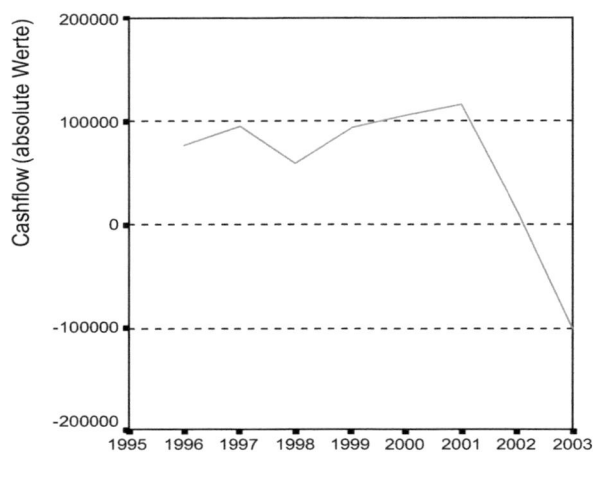

Der Cashflow ist eine finanzanalytische Kennzahl, indem er versucht, aus der Erfolgsgröße Jahresüberschuss alle diejenigen Aufwands- Erfolgsgrößen zu eliminieren, die in der Abrechnungsperiode nicht Aus- und Einzahlungen geführt haben.[37]

Der Cashflow hat im betrachteten Zeitraum einen schwankenden Verlauf. Im Jahr 2001 erreicht der Cashflow maximalen Wert 116.854 T Euro, und weist der minimale Wert im Jahr 2003 -100.398 T Euro auf.

Der Cashflow drückt die eigene Finanzkraft des Unternehmens aus.[38]
Nach dem Jahr 2001 verschlechtert die Finanzkraft der Lufthansa Technik AG, da die Jahresüberschüsse in dem Zeitraum minus Werte ausweisen.

---

[37] Gräfer, Bilanzanalyse, S.165, Verlag Neue Wirtschaftsbriefe, 6. Auflage, 1994 Herne-Berlin
[38] Ebert Schefler, Bilanzen richtig lesen, S.121, Deutsche Taschenbuch Verlag, 4. Auflage, 1998

5 Schlussbetrachtung

Die anhaltende Krise im weltweiten Luftverkehr seit dem 11. September 2001 und daraus resultierende Kostensenkungen bei Fluggesellschaften haben sich auch auf die Entwicklung der Nachfrage nach Maintenance, Repair und Overhaul (MRO)- Leistungen negativ ausgewirkt und zu Überkapazitäten geführt. Dies resultierte unter anderem in niedrigen durchschnittlichen Akquisitionsvolumina und Margen der MRO- Anbieter einschließlich der Lufthansa Technik Gruppe sowie Bonitätsrisiken bei Fluggesellschaften als Abnehmern von MRO-Leistungen wie auch in einem scharfen Preiskampf unter den Wettbewerbern. Trotz dieser Risiken und der generell länger werdenden Überholungsintervalle moderner Flugzeuge und Kompetenten hat die Lufthansa Technik Gruppe in diesem schwierigen Marktumfeld ihre führende Marktstellung behaupten können.

Die Lufthansa Technik AG leidet unter dem anhaltenden Preisdruck und dem schwachen Dollar. Trotz zunehmender Passagierzahlen hat die Airline- Industrie auch im letzten Jahr sehr viel Geld verloren. Nach den Verlusten von etwa 5 Milliarden US- Dollar sei frühestens im laufenden Jahr wieder mit schwarzen Zahlen in der internationalen Luftfahrt zu rechnen. Ein Zitat von dem Vorstandsvorsitzenden der Lufthansa Technik AG: „Nur wenn der Luftverkehr zunimmt, können auch wir mit unseren Kunden wachsen."

Der Lufthansa-Konzern hat Einsparungen und Ergebnisverbesserungen von ca. 1.2 Mrd. Euro bis 2006 angekündigt. Auf die Technik Tochter entfallen davon 240 Mill. Euro, die zu einem erheblichen Teil aus Einsparungen bei den Sach- und Personalkosten erbracht werden sollen. Im laufenden Jahr soll der Abbau vom Rund 100 Stellen geplant.[39]

---

[39] Handelsblatt, Donnerstag, 31. März.2005

6. Abkürzungsverzeichnis

AE: Außerordentliches Ergebnis

Afa: Abschreibungen

AG: Aktiengesellschaft

Akt G: Aktiengesetz

BE: Betriebsergebnis

EGT: Ergebnis der gewöhnlichen Geschäftstätigkeit

€: Euro

FE: Finanzergebnis

GuV: Gewinn- und Verlustrechnung

HGB: Handelsgesetz Buch

HRB: Handelsregister Beteiligungen

JÜ: Jahressüberschuss

MA: Materialaufwand
Mill.: Milliarden
Mio: Millionen
MRO: Maintenance, Repair und Overhaul
PA: Personalaufwand
SPSS: Statistical Package for the Social Sciences
ST: Steuern
T Euro :Tausend Euro
UE: Umsatzerlöse
VIP: Very Important Person

7. Tabellenverzeichnis

8. Abbildungsverzeichnis

9. Literaturverzeichnis

1. Akt Gesetz
2. Baetge, Kirsch, Thiele, Bilanzanalyse, IDW Verlag, 2. Auflage, Düsseldorf 2004
3. Bundesanzeiger, Jahresabschlüsse, 2003, Nummer 97- S. 7443
4. Bundesanzeiger, Jahresabschlüsse, 2004, Nummer 93- S. 10057
5. Ebert Schefler, Bilanzen richtig lesen, Deutsche Taschenbuch Verlag, 4. Auflage, 1998
6. Gräfer, Bilanzanalyse, Verlag Neue Wirtschaftsbriefe, 6. Auflage, 1994 Herne-Berlin
7. Handbuch Statistik Praktikum, Hamburg, 2002
8. Handelsblatt, Donnerstag, 31. März.2005
9. HGB, Deutsche Taschebuch Verlag, 41.Auflage, 2004
10. Internet http://www.lufthansa-technik.com/applications/
11. Wörterbuch kaufmännischer Begriffe, Wissen sofort
12. Kreth/Hörnstein, Wirtschaftsstatistik, Verlag W.Kohlhammer, Stuttgart 2001